石川直樹

富士山（ふじさん）に　のぼる

これは、富士山(ふじさん)。日本(にほん)でいちばん高(たか)い山(やま)だ。

ちかづいていくと、富士山の姿は、どんどんかわる。

とおくから見ているだけじゃ、つまらない。
冬のある日、ぼくは富士山にのぼることにした。

すこしずつ、すこしずつ、のぼっていく。
ザクッ　ザクッ……、キシッ　キシッ……、

きこえるのは、ぼくの歩く音だけだ。

そしてとうとう、
だれの足あともないところまで、やってきた。
これからさきは、ぼくがはじめて、この雪をふむんだ。

雪はこおって、かたくなっている。
ガシッ　ガシッ　ガシッ　ガシッ……、すべらないように、
アイゼンという、とがった鉄のつめをつけて歩く。
ゆっくりと、すこしずつ歩く。そうすれば、つかれない。

息は、はいて、はいて、すう。
山にのぼるときは、はくことがだいじだ。
息をなるべくはいてしまえば、
しぜんに、息をすうことができる。
そうしていれば、高い山でも、
苦しくならずにのぼれる。
——あたりには、虫も動物も、
なにもいない。だれもいない。
足音と、じぶんの呼吸の音——
きこえてくるのは、それだけだ。

4時間、歩きつづけて、日暮れがちかづいてきた。
気温もぐんぐんさがってくる。風も強くなってきた。
今夜は、富士山のうえで眠るんだ。

山の気温は、200m高くなるごとに、およそ1℃低くなる。富士山の山頂の気温は夏でも6℃前後（冷蔵庫とおなじくらい）、冬の気温はマイナス20℃以下。風が強いときは、体に感じる温度がマイナス30℃以下になることもある。

風をよけて、テントをはる。きれいな雪をあつめて、とかして水をつくる。

水をわかして、砂糖たっぷりの、あまい紅茶をのんだ。食事もつくる。
今夜のメニューは、ごはんラーメン。山では、なんでもおいしく感じる。

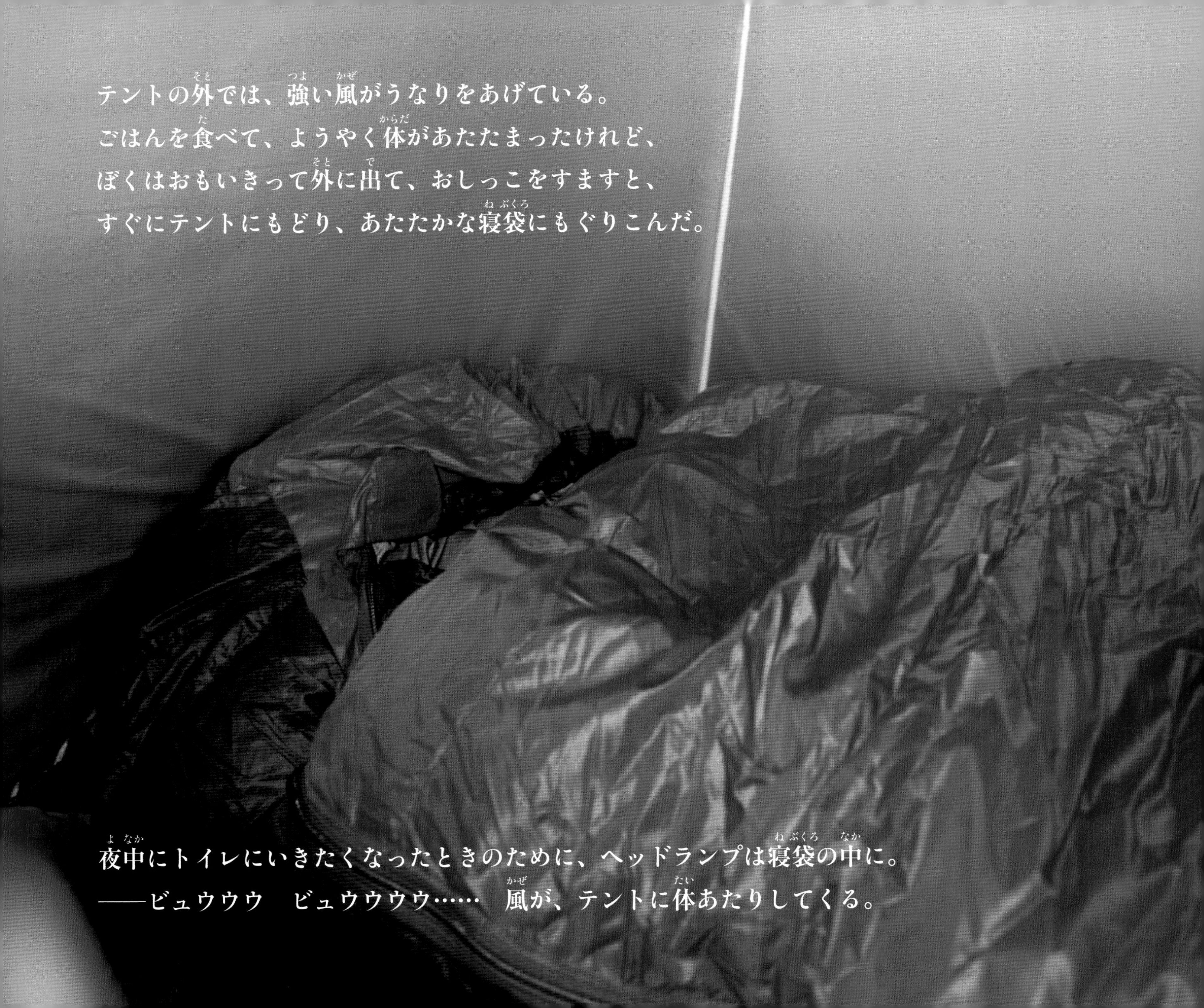

テントの外では、強い風がうなりをあげている。
ごはんを食べて、ようやく体があたたまったけれど、
ぼくはおもいきって外に出て、おしっこをすますと、
すぐにテントにもどり、あたたかな寝袋にもぐりこんだ。

夜中にトイレにいきたくなったときのために、ヘッドランプは寝袋の中に。
——ビュウウウ　ビュウウウウ……　風が、テントに体あたりしてくる。

あたりが真っ暗になると、そのまま吹き飛ばされそうになるくらい、テントがゆれる。

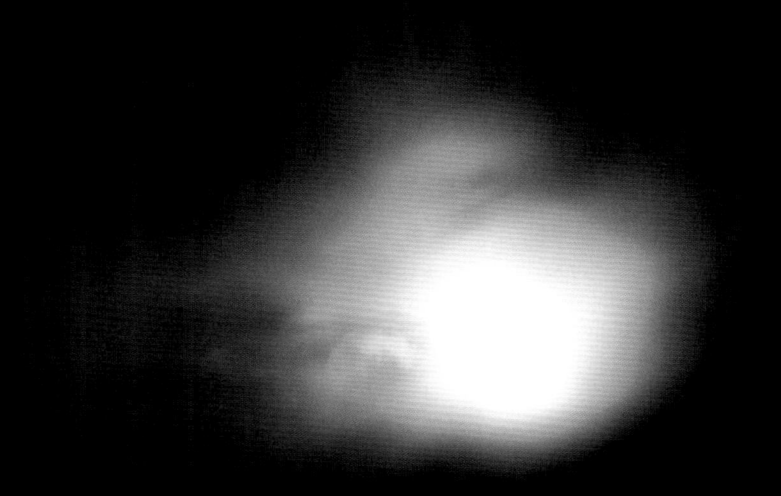

あさく眠(ねむ)っては、ときどき風(かぜ)の音(おと)で目(め)がさめる。

眠りながら、富士山のふもとにひろがる森のことをかんがえた。

ひろいひろい原始の森。「青木ヶ原」というなまえの森。
木々でうめつくされて、まるで海のようにひろいので「樹海」とよばれることもある。
溶岩の大地に育ったふしぎな森。シカやキツネもいるゆたかな森……。

富士山にふった雨は、
がさがさの溶岩の層にしみこんで、
何年も地面の中を旅したあとに、
わきだしてくる。
とてもきれいな、
おいしい水になって、
流れだす。

富士山のまわりには、たくさんの洞穴がある。
「氷穴」とよばれる洞穴の中には、
一年中とけない氷がある。天井から
しみだした水滴が、すこしずつ
凍ってできた氷だ。

ぼくがこうして眠っている
たったいまも、
きっと水滴はぽたっぽたっと
したたり落ちながら、
秘かに氷の柱を育てているんだろう。

洞穴のわれ目から風が通りぬけていく「風穴」もある。
「樹海」は、昼間でも、奥にはいると、うす暗い。
でもそこには、いろんな動物や虫たちがひそんでいるんだ。

左上／熱い溶岩にのみこまれて燃えた木の形を
のこしたまま、溶岩が冷えてかたまったもの。
「溶岩樹形」とよばれる。
左下／風穴の中。溶岩が冷えてかたまるときに
ガスの作用や溶岩の温度差ですきまにできた空洞。
富士のふもとには100以上もの洞穴がある。

青木ヶ原には、富士山とともに、
神聖な空気がみちている。

富士山の夜空。町のあかりのとどかない、ほんものの夜空。
いま富士山のうえで眠っているのは、ぼく一人だけだ。

心(こころ)がぴりぴりしてくる。
宇宙(うちゅう)が、すぐ手(て)のとどきそうなところにある。

そして…………朝がきた。

テントは、日の出前にたたんである。
くつぞこに、アイゼンをつけて、さあ、しゅっぱつだ。
朝日をあびながら、足あとひとつない真っ白な山肌へ、
ぼくはまた、ふみ出した。

一歩ずつ、一歩ずつ、ガシッ　ガシッ……。
体を前にたおして、風をよける。
それでも、突然のつむじ風や強風に
飛ばされそうになる。
頂上にちかくなればなるほど、
風はますます荒れ狂うように吹きつけてくる。
とにかく、足を前に出す。
それしかできない。
サングラスの中にまで、雪が飛びこんでくる。

夏の富士山なら、地面は赤黒い溶岩の肌でおおわれている。
夏には、たくさんの人が富士山にのぼる。

むきだしの溶岩が、大噴火した大昔のことを思いださせてくれる。
……そう、富士山はいまもまだ、その内部にマグマをたくわえた、生きた火山なのだ。

そんな溶岩の大地にも、植物がはえてくる。こんな小さなものたちが、
その根で、すこしずつ、地面を安定させているのだという。
そのおかげで、ぼくたちも、富士山にのぼることができるのかもしれない。

ヤマホタルブクロ

木が育つことができなくなるほどの高くきびしい場所でも、
小さな植物が、たくましく、その根をはって生きている。

オンタデ

人々は、昔から、畏れと祈りと崇める
気持ちをもって、この山をみあげてきた。
その思いを結晶させたような祭りがある。
山梨県富士吉田市の「吉田の火祭」だ。
夏の富士山の山じまいの日
——毎年８月26日に、
二日間にわたっておこなわれる。

「山じまいの日」というのは、
夏の登山者たちが、
山の神に感謝する日でもある。
富士山の形の神輿をかつぎ、
夜には、かがり火を焚く。
高さ３メートルにもなる大松明が燃え、
それぞれの家の前でも火が焚かれる。
まるで別の世界に迷いこんだような
不思議な風景だ。

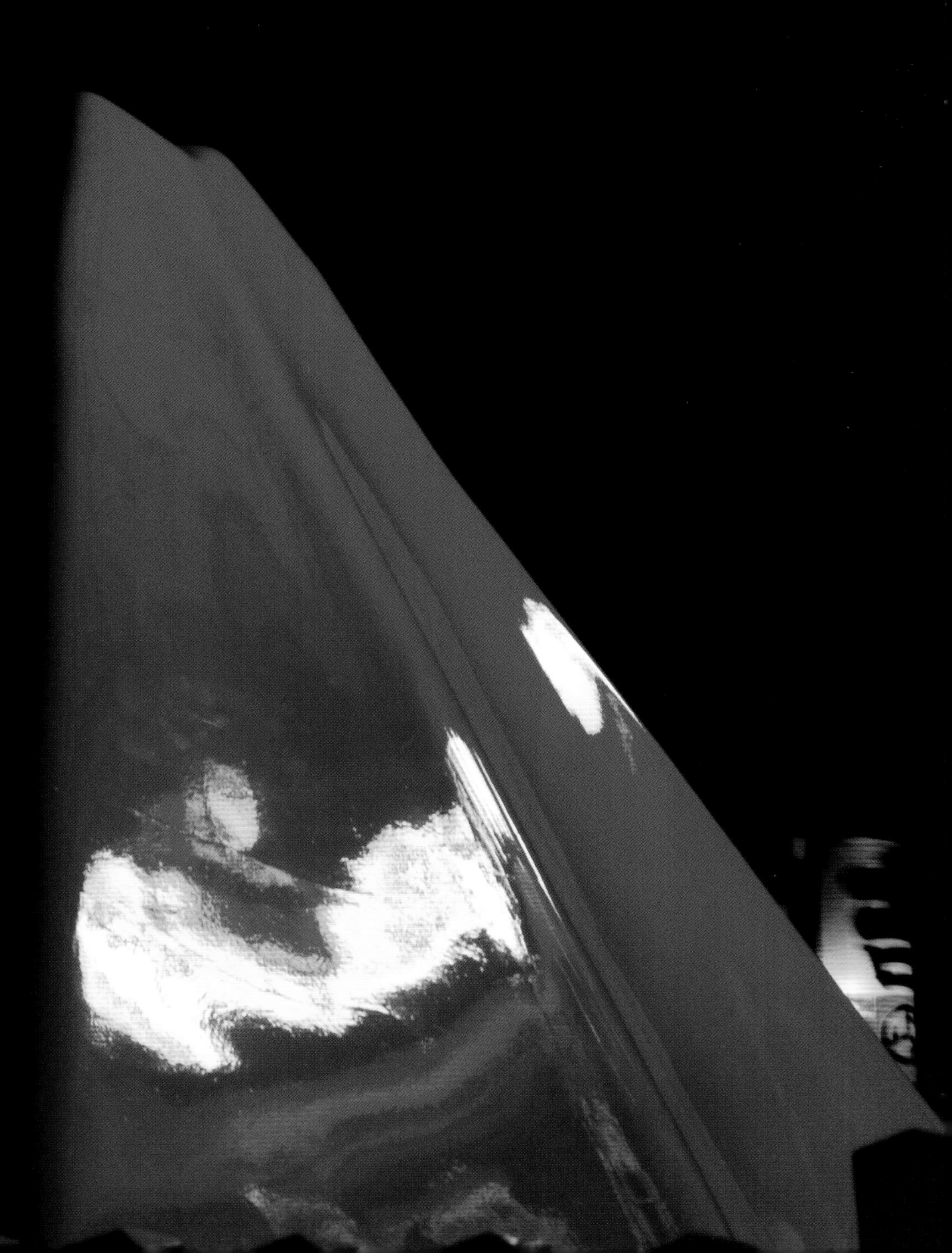

大爆発をくりかえす山とともに生きる
——人々のそんな思いが、祭りになった。
その祭りを見ながら、ぼくも思う。
ぼくはまさに、「生きている山」にのぼっているんだ……と。

冬の富士山は、氷と雪とはげしい風の世界。
のぼる人はめったにいない。
でも、ぼくはのぼる。一歩ずつ、一歩ずつ、足を前に出す。
一歩、また一歩、そのとき、

————あ、頂上が見えた！

1936年に設置された
富士山頂気象観測所が見える。いまは閉鎖され、
自動観測装置だけがおいてあって無人化している。

富士山は神聖な山として信仰の対象にも
なっている。その象徴としての鳥居。

そして、ついに、ぼくは、のぼりきった。
富士山(ふじさん)の山頂(さんちょう)に着(つ)いたんだ。

ぼくはいま、日本でいちばん高いところに立っている。
はるかに見おろす地上のだれからも、ぼくは見えない。

鳥や雲からだったら見えるだろうか。

おーい、ぼくが見えるかー？
富士山にのぼったぞー！
ここまで自分の足で歩いてきたぞー！

ゆっくりと、富士山をおりながら、思った。
春も夏も秋も、そして冬も、富士山に、のぼろう。
見ているだけじゃわからないから。
足と手と目と息と耳と、からだ中で、富士山にさわりながら、
また、富士山にのぼろう。

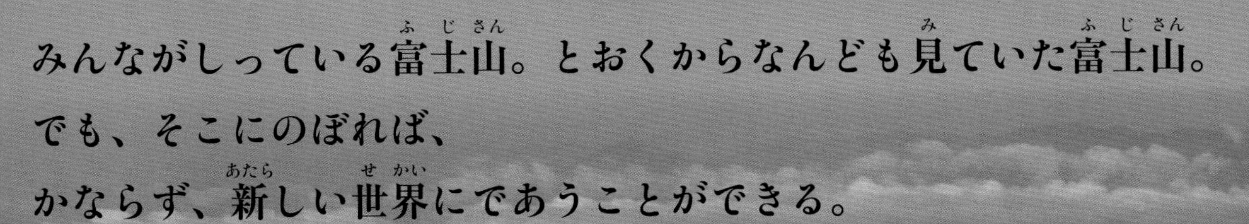

みんながしっている富士山。とおくからなんども見ていた富士山。
でも、そこにのぼれば、
かならず、新しい世界にであうことができる。

見なれた姿の中に、
しらないことがたくさんあることに、ぼくは気がついた。

背中をおすように吹きつけてくる強い風に身をまかせて、
ぼくはまた、一歩をふみ出した。

あとがき

ぼくがはじめてのぼった富士山は、風が吹きすさぶ真冬の白い山でした。アラスカのデナリというさらに高い山へむかうための訓練として、19歳のときにのぼりました。以来、夏にも秋にも春にも、なんどもなんども富士山にのぼりましたが、最初に出会った雪と氷の厳しい富士山のことが、いまも頭からはなれません。

子どものころ、奥多摩の渓谷でニジマス釣りをしていたとき、川がはじまる最初の一滴を見てみようと流れをさかのぼっていって、いつのまにか山の頂上に立っていたことがあります。それがはじめての登山でした。中学にはいってから友人と関東近郊の低い山にのぼりはじめ、やがて世界中の山を旅することになるのですが、高い山にのぼる前には、かならず富士山にのぼって身体を慣らしています。

なんど読んでも新しい発見があるお気に入りの本とおなじように、富士山にのぼると、わずかな天候の変化や季節のちがいによって、いつも新しい世界と出会うことができます。寒さに凍えたり、ずぶぬれになってつらい思いをしたこともありますが、ぼくにとって富士山は、なにかわくわくすることがはじまる出発の山なのです。

石川 直樹

石川直樹（いしかわ・なおき）

1977年東京生まれ。22歳で北極から南極を人力踏破、23歳で七大陸最高峰登頂を達成。人類学、民俗学などの領域に関心を持ち、辺境から都市まであらゆる場所を旅しながら、作品を発表し続けている。
『NEW DIMENSION』（赤々舎）『POLAR』（リトルモア）で日本写真協会新人賞、講談社出版文化賞を受賞。『CORONA』（青土社）で土門拳賞を受賞。『最後の冒険家』（集英社）で開高健ノンフィクション賞を受賞。
ヒマラヤの高峰に焦点をあてた写真集シリーズ『Lhotse』『Qomolangma』『Manaslu』『Makalu』『K2』『GasherbrumII』『Ama Dablam』（以上SLANT）『EVEREST』（CCCメディアハウス）を連続刊行。その他に、『国東半島』『潟と里山』（以上青土社）、『SAKHALIN』（アマナ）『この星の光の地図を写す』『Mt.Fuji』（以上リトルモア）、『まれびと』（小学館）など写真集多数。
写真集の他の著書に『完全版 この地球を受け継ぐ者へ』（筑摩文庫）、『増補新版 いま生きているという冒険』（新曜社）、『ぼくの道具』（平凡社）、『全ての装備を知恵に置き換えること』『最後の冒険家』（以上集英社文庫）など。
絵本は本作品が初めて。近刊に『アラスカで一番高い山 デナリに登る』（福音館書店）。

富士山に のぼる 増補版

2020年6月5日　初版発行

著者　石川直樹
構成・編集　松田素子
イラストレーション　きたむらさとし
デザイン　白石良一　小野明子（白石デザイン・オフィス）
発行人　田辺直正
編集人　山口郁子
発行所　アリス館
〒112-0002　東京都文京区小石川5-5-5
電話 03-5976-7011　Fax 03-3944-1228
http://www.alicekan.com/

印刷所　株式会社東京印書館
プリンティングディレクション　高柳昇　山口雅彦
製本所　株式会社難波製本

＊本書は『富士山にのぼる』（2009年　教育画劇）を底本とし、さらに著者自身により８ページの増補を行なった増補版である。

NDC748　43P　22cm　ISBN978-4-7520-0933-7

冬の富士山にのぼる　ぼくの装備一式

1 ザック（バックパックともいう）
自分の身長と装備の多さに合わせた大きさのもの。夏、雨がふった時は、ザックの中身がぬれないように、ザックカバーをかぶせる。

2 アイゼン（クランポンともいう）
氷や雪でもすべらないよう、くつぞこにつける鉄のつめ。

3 登山ぐつ
冬は二重になって保温性にすぐれたもの。
夏はくるぶしまである歩きやすいもの。

4 ぼうし
冬はあたたかいニットぼう。
夏は日差しをさえぎるつばがあるぼうし。

5 ヘッドランプ
日の出前の登山や、テント内、消灯後の山小屋で作業する時の必需品。

6 目出帽（バラクラバともいう）
凍傷を防ぎ、防風・防寒に役立つ。

7 サングラス
強い日差し対策。雪や風よけとしても役立つ。特に冬山では、雪に反射する紫外線で目を痛めないように必ずつける。

8 時計
ぼくの時計にはコンパスの機能もついている。そういう時計でないときは、別にコンパスも必要。

9.10 雨具（上下で分かれているもの）
ビニール製のものはよくない。ゴアテックス®製のものは汗をかいてもむれないし、雨や風を通さないので、ぼくは夏も冬も同じものを使っている。

11 くつした
冬は薄手と厚手のものを2枚重ねてはく。
夏は厚手のものを1枚。

12 アンダーウェア（薄手の下着／ズボン下）

13 アンダーウェア（厚手の下着）

14 アンダーウェア（薄手の下着／シャツ）

15 中間着（薄手のフリースなど）

16 防寒着（ダウンなど）
12〜16までの保温性にすぐれたものを重ね着して、冬も夏も気温によって脱ぎ着する。素材は、汗をかいてもむれず、すぐにかわく化学繊維のものがいい。

17 手ぶくろ
冬は3枚。薄いものと、指の動きやすいフリース製のものと、防寒にすぐれた厚いものを重ねる。夏は2枚にして、厚手のものは使わない。

18 ストック
冬は2本用意して、歩きはじめのゆるい斜面で使う。途中からの急な斜面では、ピッケルにかえる。夏は、杖がわりの1本だけ。（2本使う人もいる）

19 ピッケル
足場の確保、滑落防止のほか、氷を割ったり、テントの固定に使ったりと、いろいろ活躍してくれる。

20 地図
登山用の地図があると便利。登山ルートやだいたいの所用時間がかいてあるので、時間配分の目安になる。

21 水筒
水分補給は、夏も冬も命づな。
冬は魔法瓶。夏はペットボトルでもよい。
（ペットボトルは必ずもち帰る）

22 鍋（コッヘル）
ごはんをつくったり、お湯をわかしたり、食器のかわりにもなる。

23 コンロ
ガスボンベに接続させて使う。

24 コップ
飲みもの用だけでなく、ときには食器にもなる。